细解家居软装配饰宜忌

卧室·卫生间

迟家琦　杜心舒　主编

辽宁科学技术出版社
·沈　阳·

图书在版编目（CIP）数据

细解家居软装配饰宜忌. 卧室 · 卫生间 / 迟家琦，杜心舒主编. —沈阳：辽宁科学技术出版社，2014.11
ISBN 978-7-5381-8866-0

Ⅰ. ①细… Ⅱ. ①迟… ②杜… Ⅲ. ①卧室—室内装饰设计 ②卫生间—室内装饰设计 Ⅳ. ①TU241

中国版本图书馆CIP数据核字（2014）第229339号

出版发行：辽宁科学技术出版社
（地址：沈阳市和平区十一纬路29号　邮编：110003）
印 刷 者：沈阳天择彩色广告印刷股份有限公司
经 销 者：各地新华书店
幅面尺寸：215 mm × 285 mm
印　　张：4
字　　数：250 千字
出版时间：2014 年 11 月第 1 版
印刷时间：2014 年 11 月第 1 次印刷
责任编辑：郭媛媛　于　倩
封面设计：迟家琦
版式设计：迟家琦
责任校对：李淑敏

书　　号：ISBN 978-7-5381-8866-0
定　　价：24.80 元

投稿热线：024-23284356　23284369
邮购热线：024-23284502
E-mail：purple6688@126.com
http：//www.lnkj.com.cn

目录 CONTENTS

细解家居软装配饰宜忌

卧室　浪漫的地中海风格

以蓝白色调为主的地中海风格卧室配饰，以唯美柔软的帷幔、窗帘、布艺为主要装饰形式，素雅的条纹及海洋文化印花床品搭配玻璃摆件与欧式花卉，营造清爽的卧室空间。

色彩搭配

大叶的观赏性植物与海洋主题油画，在蓝白相间的空间中起到了良好的色彩调节作用。

蓝色玻璃花瓶

墙面的花环装饰，小小的细节却为空间平添一份自然的馨香。

卧室　华贵端庄欧式古典

欧式卧室的家具，床多为形体大而厚重的曲面雕刻实木床架与皮革软包床头相结合的经典欧式古典造型，搭配雕刻有卷草纹样、天使等图案的床头柜与靠背椅。搭配复古花纹印花的厚重布艺与欧式古典吊灯，营造华贵典雅的欧式卧房。

色彩搭配

设计 /WILLIS（威利斯）设计公司

设计 / 龚小刚

设计 /WILLIS（威利斯）设计公司
设计 /WILLIS（威利斯）设计公司
ALLURE
ALLURE
设计 /WILLIS（威利斯）设计公司

卧室　优雅高贵欧式风格

高贵优雅的欧式卧室，配饰的色调多为米色、乳白色、黑灰色等，家具的形态摒弃传统欧式的厚重木质框架，替换以细腻的木质雕刻结构搭配皮质或布艺软包，古典风格的工艺摆件增添了空间的文化内涵。

设计 / 胡文波

金色欧式水晶吊灯，米白色羊毛地毯，金属装饰画框，浅棕色窗帘与纱帘搭配复古风格玻璃置物罐与烛台，无处不透露着高贵典雅的氛围。

色彩搭配

设计 / 范义峰

设计 / 邵权

设计 / 胡文波

设计 / 胡文波

设计 / 胡文波

卧室　华贵典雅新古典

新古典风格卧室配饰，选择保留有欧式古典造型的现代材质家具，搭配花纹丰富的布艺床品，视觉感受华丽高贵，金属质感的灯具及摆件提升空间档次。

色彩搭配

设计／王全锋　佛山

卧室　流行风尚

对于家具的选择，以简洁的造型为主，搭配融入当代潮流元素的时尚布艺，布置现代艺术手段衍生出的工艺品，给人前卫的空间感受。

色彩搭配

混合工艺的相框与台灯

设计/胡文波

设计/唯居雅阁装饰　任伟

设计/冯凌镍(潇枫)

卧室　高雅白色

高雅的白色欧式卧室空间配饰，家具的选配在造型上为传统欧式样式，但在色彩上摒弃了欧式家具浓重的色彩，全部替换成白色，通过浅淡的布艺床品与工艺摆件，活跃空间素净的氛围。

色彩搭配

设计/胡文波

在以白色为主的整体配饰环境中，黑白风格的装饰画与绿色植物避免了空间的单调。

色彩搭配

素雅花艺摆件组合

浪漫悠闲田园风格卧室配饰

悠闲的田园风格室内配饰，宜选择温暖自然的棕色与淡黄色为主，在灯具的选择上，当空间举架较高时可以选择华丽的欧式吊灯，若空间举架较低时可选择木质底座磨砂灯罩的吸顶灯，同时搭配欧式台灯与射灯营造氛围。

色彩搭配

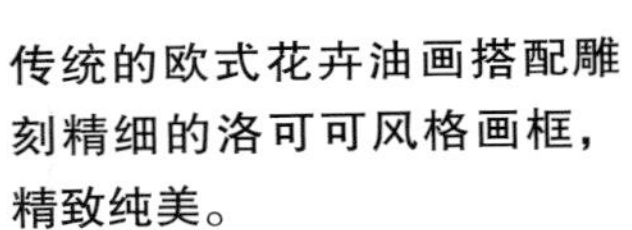

传统的欧式花卉油画搭配雕刻精细的洛可可风格画框，精致纯美。

设计 / 导火牛

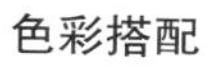

色彩搭配

设计 / 科宝博洛尼　刘岩

复古风潮田园风格卧室配饰

复古田园风格的卧室配饰，家具的选择上，多为线条流畅外观休闲的美式家具，色彩多为厚重的胡桃木色系，家具表面有精致的花纹雕刻。

设计 / 陶胜

设计 / 彭科文　南京

设计 / 张海峰

设计 / 张海峰

复古的田园风格卧室在布艺软装的选择上，床品多为华丽高贵的光滑质地面料，刺绣或提花的古典花纹，色泽艳丽，为了突显田园风情，窗帘多为薄透的碎花图案纱帘。

色彩搭配

仿旧摆件

设计 / 胡文波

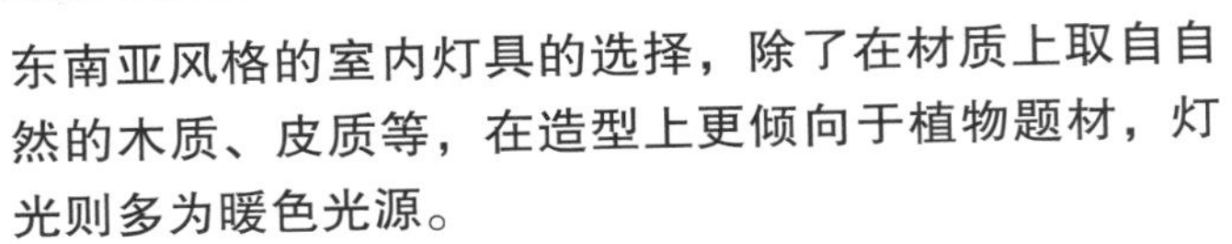
东南亚风格的室内灯具的选择，除了在材质上取自自然的木质、皮质等，在造型上更倾向于植物题材，灯光则多为暖色光源。

设计 / 胡文波

卧室　文化底蕴浓厚的东南亚风格

东南亚风格的室内配饰，多数题材来源于东南亚地区的文化、工艺及地区材质等，在东南亚的室内经常使用砂岩木雕、金属工艺品等，题材多为当地的传统花纹、动物造型、禅宗文化等。

色彩搭配

设计 / 胡文波

泰式靠枕组合

设计 / 姜林

设计 /DOLONG 设计

卧室　自然迷人的东南亚风格

东南亚风格卧室在家具的选择上主要为柚木即深褐色的木质款式和藤制家具，搭配的布艺多数是色彩绚丽的贡缎面制品，可随着光线的变化产生不同的色彩，体现浓重的东南亚文化。

色彩搭配

色彩绚丽靠垫

卧室　沉稳中性

中性色系的灰色空间给人以沉稳的空间感受，在配饰的选择上，从布艺角度来说多为纯度较低的灰度色彩，如浅灰、淡紫、乳白等，质感可为棉麻、贡缎、纯棉等面料。窗帘、床品和靠包是卧室的视觉中心，合理的搭配对卧室风格的定位起着决定性的作用。以米白、浅灰素雅的色调打造静雅、沉稳的现代气息，素色面料中细腻精美的提花彰显出低调的奢华。

色彩搭配

灰色光滑质地的提花窗帘，简约中透着奢华。

灰黑搭配靠垫组合

设计 /DOLONG 设计

设计 / 金世纪装饰　康慨

卧室　尚简约

空间中的灯具均为新锐设计师的新奇造型款式，以线条感浓厚的家具为主，材质多为皮质或新型材料，布艺的选配不宜过多，色彩多为黑白灰等纯色，摆件的选择强调奇特与新颖的流线形造型。

传承古典元素的现代吊灯

设计 / 金世纪装饰　康慨

通过筒灯、落地灯、台灯的搭配，营造温馨柔和的睡眠空间，避免因选择吊灯而使空间缺乏现代时尚感。

色彩搭配

蕾丝花纹靠垫

设计 / 登胜设计

卧室　素雅洁净

以白色为主要色调的现代简约风格卧室，多选用线条简洁、几何形态的现代家具，色彩则多为白色或黑白结合。配饰摆件不宜过多，以曲线或抽象造型的白色玻璃或瓷器为主。

色彩搭配

设计 / 登胜设计

黑白搭配的布艺靠垫

设计 / 迟家琦

色彩搭配

以白色为主的空间中，搭配黑色座椅使空间形成强烈的黑白对比。

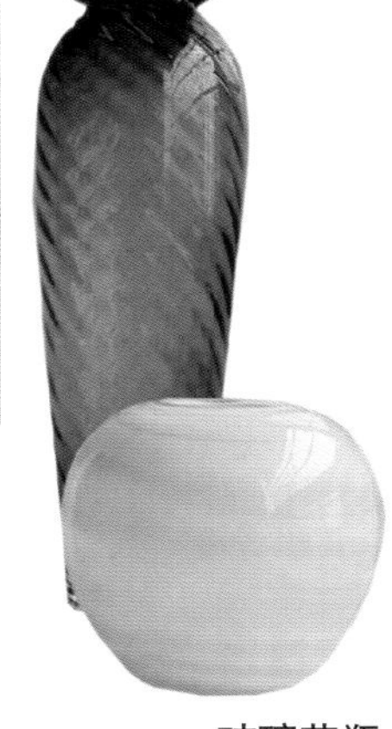

玻璃花瓶

白色台灯与相框

卧室　历史传承的新中式

新中式风格的卧室空间家具，摒弃了中式古典床与柜繁复的雕刻和结构，直线条外形传承传统家具的结构特性和材质色彩，营造中式空间韵味。

色彩搭配

设计 / 品辰设计

设计 / 品辰设计

色彩搭配

浅棕色的窗帘与新中式家具结合，在暖黄色的灯光氛围中，小和尚造型的落地灯，为空间平添一丝禅意。

果绿色的中式纹样靠垫与地毯

卧室　宁静雅致的简约中式

田园风格的室内空间主张以自然元素为主，在摒弃传统设计风格的烦琐与奢华的基础上，保留古朴传统的历史气息，融合传统的结构特点，强调空间的舒适与轻松。

色彩搭配

绣花纹样工艺品

色彩搭配

中国工笔画组合

设计 / 迟家琦

卧室家具的选择

卧室是人们休息睡眠的空间，卧室中常用的家具主要有床、床头柜、梳妆台、边柜、躺椅等。

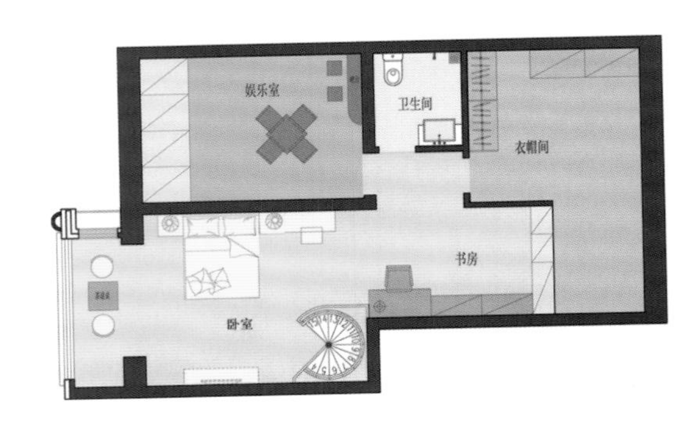

设计 / 孙传财

卧室家具的摆放原则：首先，床的方位不宜对着门的方向，以免影响睡眠质量；其次，床头较适合靠墙，而应避免靠空或靠窗；最后，应避免家具阻碍卧室的交通，以免居住者受伤。

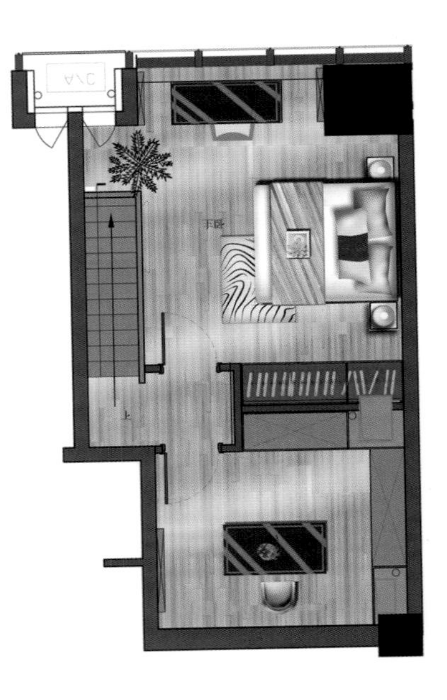

设计 / 迟家琦

设计 / 谭立予

设计 / 谭立予

设计 / 谭立予

床与办公台紧邻，形成一个整体的多功能卧室区域。

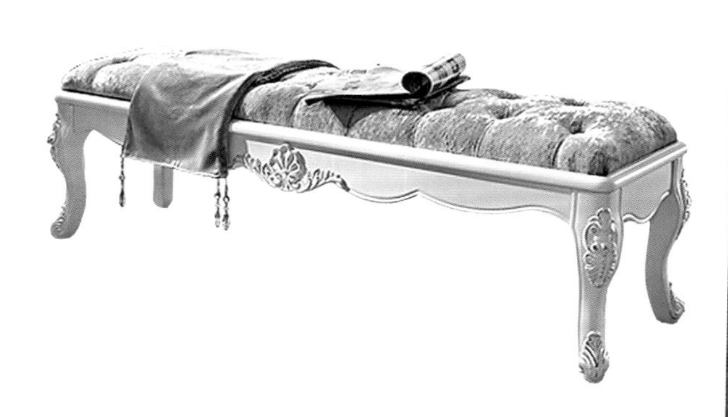

设计 / 陆槛槛

设计 / 华诚博远

卧室灯具的选择

卧室是人们休息睡眠的空间，因此在灯具的选择上首先应考虑光线的强度与色彩。卧室宜选柔和的暖色灯光，可以营造温馨安静的空间环境，可选择具有调节光线功能的灯具，另外，灯具的开关位置以伸手能触及为最佳。卧室常用的灯具种类按灯具的安装位置有：吊灯、壁灯、落地灯、台灯、射灯等。卧室可以多种形式灯具交相布置，使空间感觉浪漫柔和。按灯的材质有：布艺灯、水晶灯、铁艺灯、彩色玻璃灯等。按风格分有中式风格、欧式风格、现代风格、自然风格的。在选择灯具时根据空间的风格色彩进行搭配即可。

设计 / 胡文波

设计 / 陈丽媛

艳丽的红色玻璃吊灯

设计／黎武

设计／迟家琦

在选择满足基本睡眠需要的布艺制品的基础上，可选择部分与空间色调、风格搭配的靠垫装饰睡床。但要注意控制靠包的数量，不宜过多，否则会使空间显得拥挤杂乱。

设计／杜坤

设计 / 老鬼

设计 / 迟家琦

卧室床品的种类与面料

床品主要指床单、被褥、枕头、床尾毯、靠垫等用于睡眠和装饰睡床的布艺制品。常见的床品面料有纯棉、涤棉、贡缎、竹纤维、棉麻、真丝绸、绒布等。纯棉布料舒适柔软，但易皱弹力差、耐久性差——褪色，适用于自然简单淳朴风格的卧室。真丝面料手感细腻光滑，色彩艳丽稳重，用于表达高雅华贵的空间效果有着其他材料不可替代的作用。

设计 / 品辰设计

设计 / 张海峰

设计 / 设计年代

设计 / 导火牛

设计 / 胡文波

卧室窗帘的选择

常用的卧室窗帘材质有真丝、薄纱、纯棉、遮光布等，由于卧室是休息睡眠的空间，在材质的选择上应考虑白天的轻薄以及夜晚的遮光性。窗帘的色调款式可与卧室的装饰风格及色调保持一致。

设计/迟家琦

卧室地毯的选择

常用于卧室的地毯材质有牛皮、马毛、真丝、纯毛、棉布等，卧室的地毯可以过渡从床到地面的温度，给人以温暖柔软的触感，而地毯的大小应根据空间的尺度进行选择，亦可根据床的大小与摆放位置进行选择。地毯的花纹样式丰富多样，如动物皮毛、手工编织花纹、几何图案、条纹抽象图案等，皆可根据空间的整体色调与风格搭配。

设计/石家庄尚·品设计工作室

素雅的黑黄条纹地毯，与简约的空间风格和床品形成很好的呼应效果。

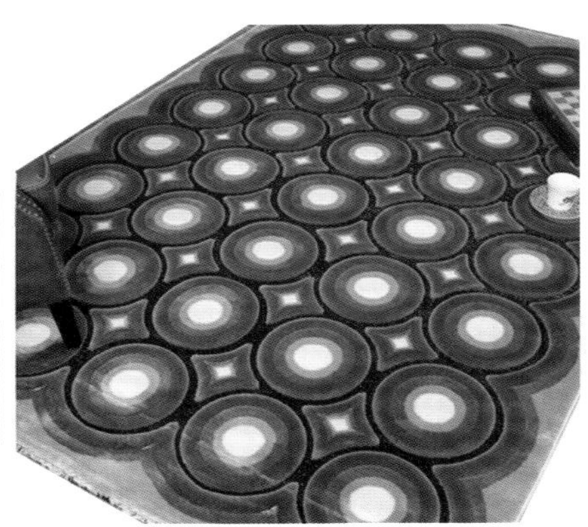

卧室花艺摆件原则

卧室的摆件一般不宜选择过于活泼的样式，可摆放能够营造宁静氛围的工艺品，如香炉、花瓶、钟表等。在花艺的布置上，卧室内应避免摆放过多的植物与花朵以免影响睡眠。

设计 / 郭翼

多肉植物盆栽

设计 / 华诚博远

设计 / 梵石

设计 / 梵石

以一种花卉为花材的花艺放置床头能够提升空间的温馨氛围，也为空间增添了一抹生气。

设计 / 迟家琦

设计 / 王凌浩

设计 / 迟家琦

卧室装饰画的选择

卧室是居住者休息睡眠的空间，适合选择能够营造温馨舒适、浪漫典雅、体现空间静谧感、促进睡眠为主的装饰画。可选择人物、花卉题材的油画，线条色彩素雅的抽象画，抑或是主人的婚纱照与艺术照均可。不宜选择颜色过于丰富鲜艳的绘画，也不宜选择凶猛动物以及怪异为内容的装饰画，以免影响睡眠质量。另外，卧室装饰画的选择可根据空间家具的造型进行搭配。结构简洁、现代材质的板式床，可搭配具有现代质感边框或立体感较强的装饰画框；线条柔和，结构厚重的软床，可搭配质感冷硬的装饰画框，形成较强烈的视觉反差。

设计 / 戴勇室内设计师事务所

设计 / 胡文波

/ 奥体公司　王兵

镂空铁艺挂架搭配手绘花卉装饰盘

以吊挂碎花装点空间，富有生气

色彩搭配

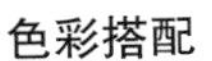

花卉题材配饰

卫生间　温馨浪漫地中海

地中海风格卫生间，摆件多数为海洋题材的洗漱器皿和贝壳、海星等海洋生物造型的工艺品，搭配色彩艳丽的绿植与碎花布艺营造自然风情空间。

色彩搭配

富有情趣的刷牙杯与牙刷架

设计 / 导火牛

设计 / 吴锐

设计 / 导火牛

设计 / 胡文波

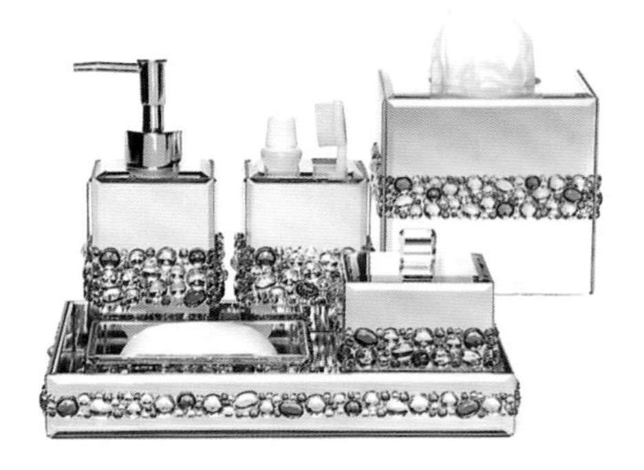

色彩搭配

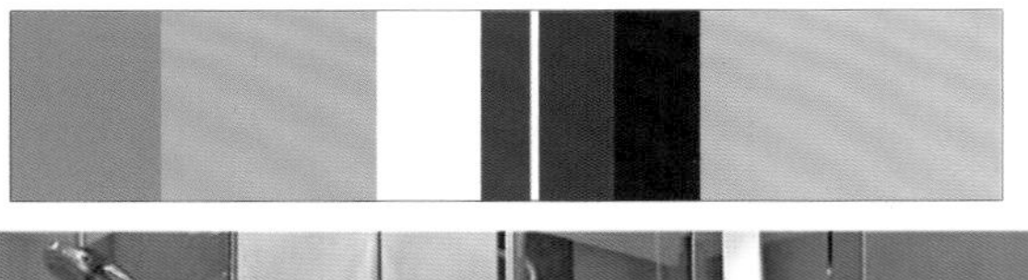

设计 / 胡文波

设计 / 胡文波

卫生间　欧式奢华

奢华的欧式卫生间，配饰摆件多为金属材质制作的洗漱器皿和花盆、水龙头等五金器具则以传统欧式古典造型为主，搭配雕刻丰富细致的古铜色镜框与吊灯，完美演绎高贵豪华的空间氛围。

做旧欧式画框

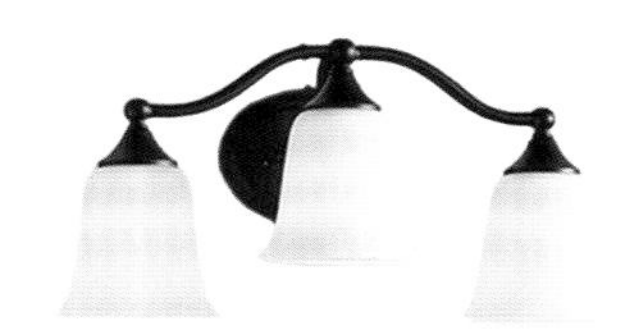

古铜色及金色的五金挂件，细节中透露着奢华。

设计 / 华诚博远

卫生间　现代简约

以简约线条与明朗的结构为特点的现代风格可以选用具有科技含量的多功能洁具，搭配几何结构的简约花瓶、烛台、洗漱器皿等，同时选配抽象内容的现代装饰画。

应用筒灯满足基本照明需求，无边框的玻璃浴屏与整片镜面，营造简约而又有内涵的卫生间空间。

色彩搭配

设计 / 华诚博远

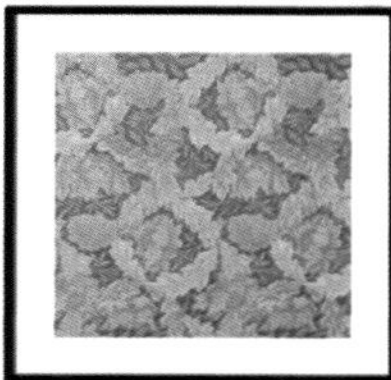

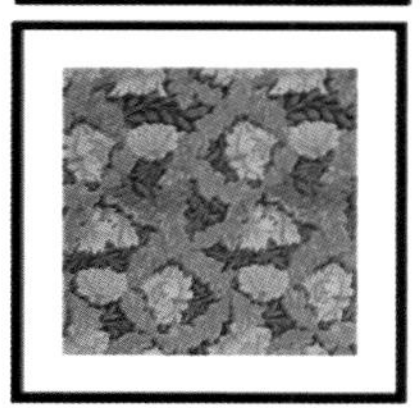

现代绘画装饰画

流线形设计的柱盆与坐便器突显简洁时尚。

设计/谢亮

色彩搭配

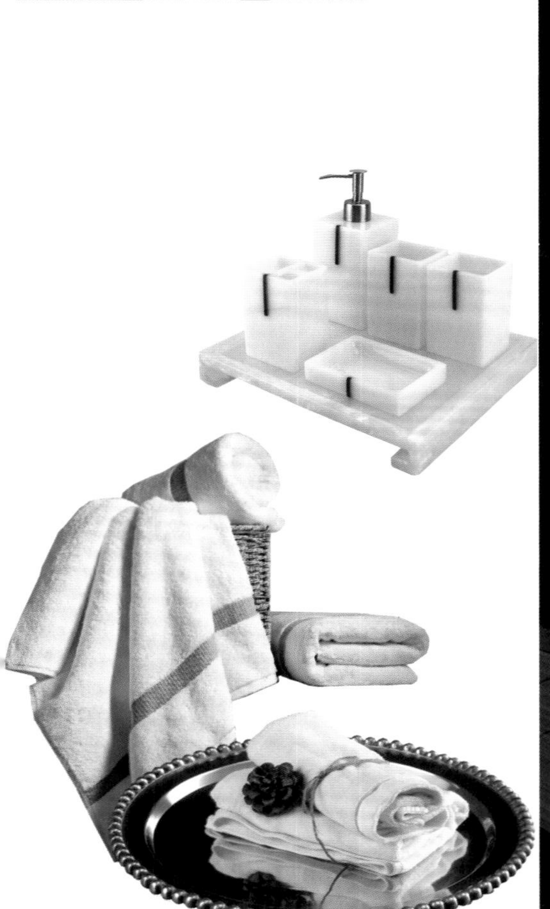

结构简约的玉石器具

设计/华诚博远

设计 / 张鹤龄

设计 / 王凌浩

卫生间　黑白简约

现代简约风格卫生间在洁具的选择上，宜选取线条简洁、结构明朗的现代风格洁具，搭配颜色素雅的纯色或条纹纱帘及浴巾、防滑毯等布艺，摆件则选择现代风格的洗漱器皿、花瓶等强化空间特性。

色彩搭配

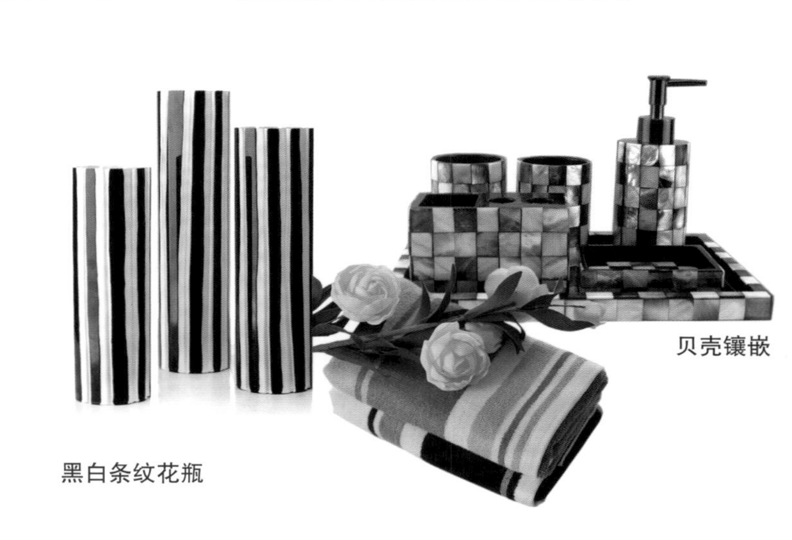

贝壳镶嵌

黑白条纹花瓶

设计 / 谭立予

设计 / 登胜设计

设计 / 顾忠诚

设计 / 杜坤

由于卫生间的窗户多数都较小，窗帘不宜选择对开帘，可以上下收放的卷帘具有较好的灵活性，操作也相对方便。可以调节角度的百叶窗帘，既防水又便于清洁，使用者可以根据需求改变窗帘的遮光程度，是卫生间常见的窗帘形式。

卫生间灯具选配原则

卫生间是供人洗漱、方便、梳妆的场所，在灯具的选配上，首先要选择暖色光源，给人温暖的空间感，另外，卫生间在洗浴区域的照明以防水灯具为宜。梳洗区域的照明要以显色性较好的镜前灯和壁灯为主。

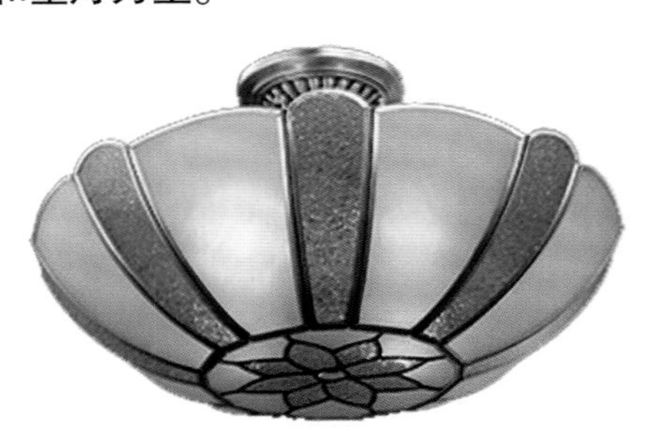

设计 / 柯与安

设计 / 杨军

设计 / 范义峰

在非洗浴区域选取欧式吊灯。体现了空间风格的统一性。

欧式田园镜前灯

设计 / 范义峰

卫生间花艺与摆件

由于卫生间空间较潮湿与背阴，因此在植物的选择上要考虑布置背阴吸湿性的植物，避免布置对阳光需求较多的植物，亦可培育凤梨等艳丽的观叶类植物。

色彩搭配

欧式陶瓷卫浴用具

设计 / 导火牛

设计 /DOLONG 设计

设计 / 谢亮

色彩搭配

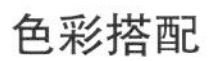

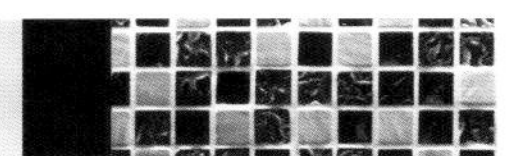

卫生间的摆件可以为清冷的空间环境平添一丝情趣，最常用的摆件为卫浴用品套装、首饰盒烛台等。在样式和风格的选择上，与整体空间保持统一即可。

设计 /DOLONG 设计

设计 /DOLONG 设计

软装设计方案实例分析

浪漫满屋　新古典

建筑面积：92 平方米

软装设计：迟家琦　华诚博远辽宁分公司

风格定位：适合年轻夫妇居住标准户型，虽然面积不大，但只要在装修和配饰上精心设计，还是可以是达到奢华浪漫的效果。由于空间不是很开阔，所以在整体色调上应以明亮的浅米色为主，家具尽量选择线条简洁流畅、造型稍微夸张的新古典风格，另外点缀精美的陈设，让整体气氛溢满浪漫、低调、奢华的新古典情怀。

配饰概算：2800 元 / 平方米

C01
玄关装饰镜
B03
吊灯丝绒
C01 玄关柜摆件
B01 餐具摆台

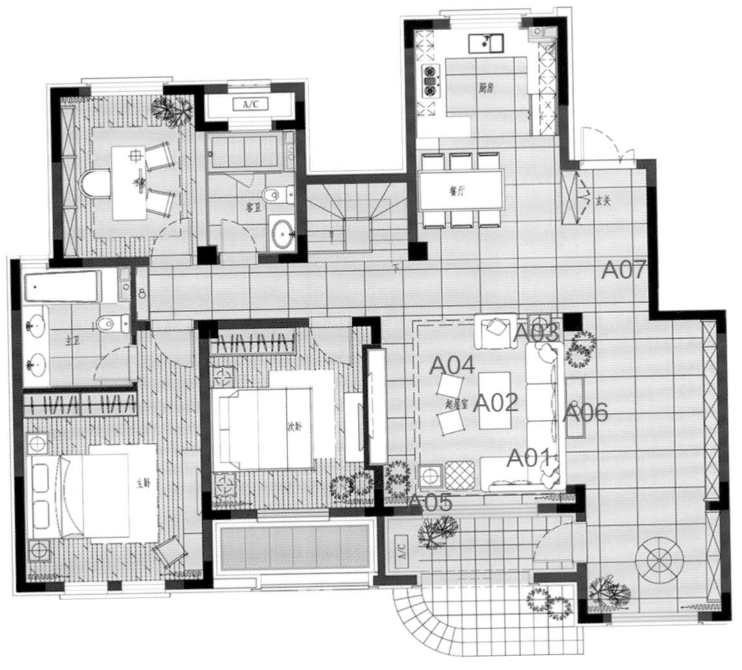

简约而不简单

建筑面积：226 平方米

设　　计：迟家琦　华诚博远辽宁分公司

风格定位：符合现代人追求精致与个性生活品位，空间整体色调控制在亮灰色，如香槟金色、银灰色、蓝灰色、金属色、黑色和白色，局部点缀明度较高的蓝色；家具饰品以简约流畅的直线造型为主，注重细节之美并加入流行的时尚潮流元素；材质上选择实木、皮革、亚麻布、真丝、金属、玻璃等，表达出清雅高贵、简单自然、现代又极富东方内涵的特征。

配饰概算：2400 元 / 平方米

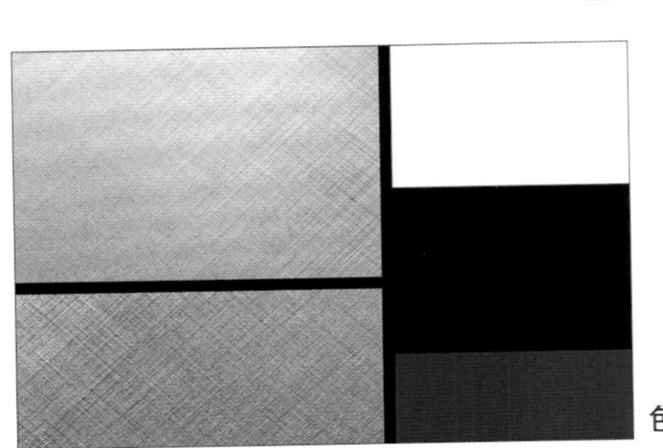

色彩搭配

A08
吊灯　玻璃灯罩

A03
钓鱼灯　镀铬

A05
窗帘

A01
沙发抱枕

A01
转角沙发　真皮

A02
方几　实木

A04
木墩

A02 茶几摆件

A06
沙发背几摆件

A02
茶几烛台

A07
玄关装饰画

B01
餐桌烛台、藤艺

B01 餐桌餐具摆台

B04
吊灯　黑白珍珠
B03
背景墙
B01
餐桌　餐椅

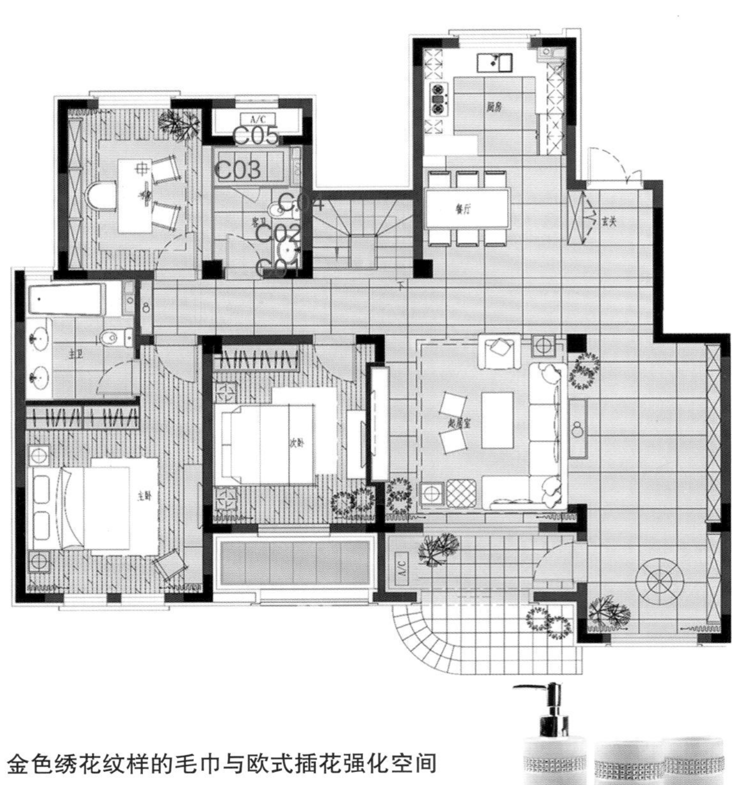

金色绣花纹样的毛巾与欧式插花强化空间风格，香薰瓶的选用既美观又实用。